La Tabla Bárcena

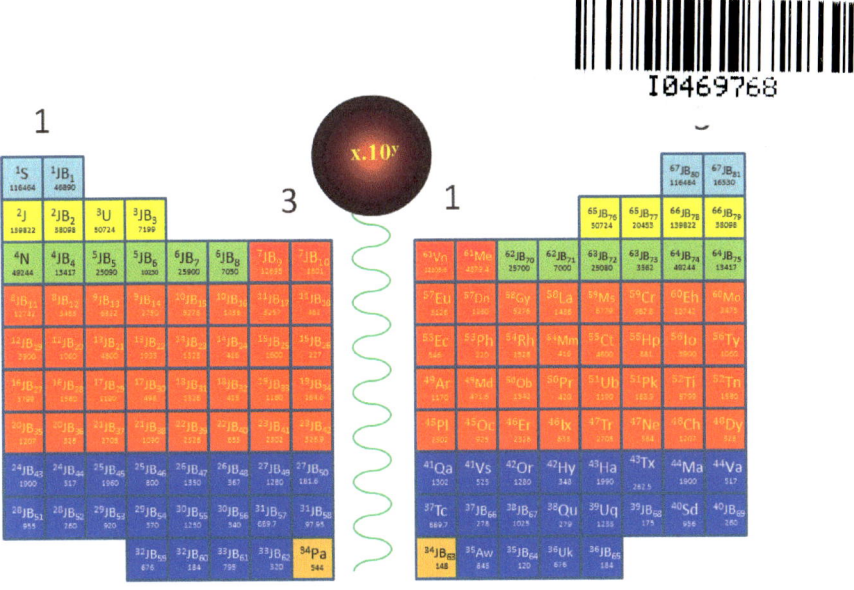

El Nuevo Sistema Solar

2015

Titúlo Original:

La Tabla Bárcena

Autor:

Jesús Eduardo Bárcena

Edición:

Anónimos

Diseño de Portada:

Jesús Bárcena

© Copyright 2015 Jesús E. Bárcena

ISBN-13: 978-1518625596

ISBN-10: 1518625592

Agradecimientos

Deseo primero dedicar estas palabras a mi Maestro y guía llamado con justicia Dios del universo quien me ayuda y muestra cada día los secretos de la vida y del universo.

"Sin Dios simplemente nada existe".

Deseo también agradecer a mis padres quienes siempre me enseñaron a ser plenamente libre como Dios quiere, a mi familia e hijas que me llenan de orgullo todos los días y a cada una de las personas que forman parte del ejercito de Dios y me brindan su apoyo cada día.

Contenido

1.- Objetivos........................... 6 Pág.

2.- Introducción........................ 14 Pág.

3.- Materiales y Métodos.......... 19 Pág.

4.- Tabla de Datos.................... 30 Pág.

5.- Leyes de Bárcena................. 34 Pág.

6. – Gráfico de la Tabla Bárcena.....43 Pág.

7.- Lista de los Elementos......... 46 Pág.

8. – Hipotesis.......................... 54 Pág.

9. – Problemas abordados......... 55 Pág.

10. – Referencias...................... 60 Pág.

Prefacio

Estos Datos que se encuentran en este manuscrito están basados en una profunda y exhaustiva investigación por resolver el misterio de nuestro sistema solar y todos los sistemas en el Universo.

El Universo es un enorme rompecabezas en el cual nosotros solo somos una diminuta parte de él.

Dios es el arquitecto absoluto de todo solo a él se le debe servir, escuchar y obedecer por siempre. Amen.

Objetivos

Las preguntas a estudiar y los principales objetivos de la investigación son los siguientes:

- La primera parte a investigar es ¿Cuál es el orden en los Sistemas Solares?

- La segunda parte a investigar es ¿Cuántos elementos tiene un ciclo del sistema solar?

- La tercera parte a investigar es ¿Cuántos periodos o ciclos tienen los sistemas solares?

- La cuarta parte a investigar determina cada posición u orden de los Tripares en la Tabla Bárcena.

- ¿Qué significado tiene la representación de los colores en la Tabla Bárcena?

- ¿Qué significado tienen los valores en cada bloque en la Tabla Bárcena?

- El principal objetivo es dar a conocer al mundo como están verdaderamente conformados los sistemas solares en el universo.

- Otro de los objetivos es dar a conocer los 3 puntos fundamentales que determinan su posición en la Tabla Bárcena.

Especificando el contexto científico de mi experimento determiné lo siguiente:

Examinando el desplazamiento imaginario de las esferas cuando el sol toma sus días cansados se puede observar a partir de una tabla de datos el por qué tienen dicho orden actualmente.

Lo que hice en la primera parte del experimento fue lo siguiente:

- Creación y desarrollo de una formula.
- Ordenar con mucha imaginación lógica y pocos datos una tabla en Excel.
- Creación de la Tabla Bárcena.
- Explicación de cómo se alejan los planetas del sol en ese determinado fenómeno.

En la segunda parte a investigar se siguieron los pasos siguientes:

- Basándome en el orden descendente y ascendente de las sustracciones de los elementos de las Tripares y en la cantidad de Tripares que se necesita para hallar un ciclo se pudo obtener el número $x.10^1$, $x.10^2$, $x.10^3$, $x.10^2$, $x.10^1$ deseados.

En la tercera parte a investigar se determinaron los pasos siguientes:

- Se habían determinado 67 pares iguales en un ciclo además sabemos que 1 sol es equivalente a 6 pares porque eso es lo que falta para que se consuma nuestro sol y si hacemos la división de los 67 pares entre 6 pares se obtiene 11.16 que equivalen a 11.16

veces el tamaño del sol y si divides esta última cantidad entre la estrella más grande que equivale a 265 veces la masa solar esa operación nos da la cantidad igual a 23.74 y esto nos indica el número máximo de ciclos para esa estrella.

En la cuarta parte a investigar se siguieron los pasos siguientes:

- Se creó y desarrollo la denominada fórmula de las constantes igual a D_{mx} = DMsmin*100/DMsmax y genera estos valores (40.31, 27.27, 14.19).

- Se creó la segunda fórmula llamada frecuencia de la constante universal C_{const} = DMsmax/Dmsmin la que genera la secuencia de la frecuencia de esferas (2.48, 3.66, 7.04) la cual trabaja con los diámetros.

- Se restaron los elementos de los Tripares de esferas y luego se analizaron los x.10^y de la masa de la esfera donde y = son los exponentes de la base 10 y su resultado ayuda a confirmar la posición del planeta y su respectiva luna.

- Se observaron los resultados de las x.10^y en cada Tripares de esfera y pudimos ver en la diferencia entre sus bases x.10^y estos residuos igual a x.10^1, x.10^2, x.10^3, x.10^2, x.10^1

En la primera parte de mis resultados halle la mayor conclusión y fueron las siguientes:

- Cada planeta y su luna tienen una proporción exacta.

- Cada par tiene un orden y número de posición exacto.

- Se descubrió la frecuencia de la constante universal del sistema solar o cuerpos celestes que rigen para todo el universo (proporción de diámetros).

- Se determinaron 3 puntos esenciales para determinar el orden de cada planeta y su luna en la Tabla Bárcena.

- Se hayo y comprobó el número máximo de ciclos en los sistemas solares en el universo.

En la segunda parte de la investigación se comprobó lo siguiente:

- Se determinó el color azul para los bloques con masas esféricas pequeñas, los bloques de color naranja determina la mínima masa de dichas esferas en la Tabla Bárcena, los bloques de color rojo son las esferas ligeramente medianas, los bloques de color verde son las masas esféricas que tienden a ser igual o más grandes que la tierra y los bloques amarillos son las llamadas grandes masas y el bloque celeste es la más grande de las esferas de dicho ciclo.

La tercera parte que fue investigada se pudo comprobar lo siguiente:

-   Se comprobó que el universo no es creado de casualidad y que existe Dios y lo más importante que es matemáticamente exacto y con sabiduría, extremadamente inteligente con existencia lógica.

Introducción

Partiendo desde la teoría del bin bang el universo es creado desde una explosión y se crea sin ningún orden y quiere hacerse entender que científicamente no existe la presencia de Dios.

La primera de las preguntas es ¿habrá una conexión entre todos los planetas con sus lunas?

La segunda de las preguntas es ¿habrá una conexión matricial entre el Sol y todos los planetas con sus lunas?

La tercera pregunta es ¿Se podrá saber cuántos planetas en total existieron en nuestro sistema? ¿El orden en el sistema solar fue necesario o todo fue coincidencia?

La cuarta pregunta es ¿Podremos averiguar si sus masas y sus diámetros tienen relación con cada uno de sus pares en una Tripares?

La primera hipótesis estuvo planteada en que el sistema solar es creado desde el Sol.

La segunda hipótesis es que el número de planetas de cada sistema solar tiene 67 pares.

La tercera hipótesis es que todas las estrellas mayores a 1,000 veces en tamaño de la estrella contigua está dentro de un sub sistema y este a su vez al siguiente sub sistema, cada sub sistema contiene números de 67 pares y a su vez las pre galaxias contienen una cadena de 67 pares con niveles hacia arriba por cada gran estrella llamada las sub Z_s

La cuarta hipótesis es que los subsistemas tienen 23 ciclos cada uno.

Una de las preguntas más importantes es ¿Cómo está constituido el universo?, ¿Cómo fue creado?, ¿Cuántos sistemas tenemos?, ¿Tendremos ciclos y cuantos? y sobre todo ¿Cuánto tiempo le queda a la tierra?

Es realmente importante saber el origen misterioso del todo porque nos ayuda a entender nuestro futuro y cuándo terminará nuestro planeta aunque no se había podido resolver este misterio completamente porque es como un rompecabezas donde uno tiene que hallar las piezas que faltan utilizando un análisis lógico y haciendo lo ilógico para crear lo que no podemos ver pero existe.

Este trabajo tiene tres objetivos fundamentales y son los siguientes:

Demostrar, crear y responder las grandes incógnitas sobre nuestro sistema solar, ¿Cómo fueron creados los planetas y sus lunas? y sus subniveles que forman las galaxias y los siguientes subniveles hasta llegar al origen del todo. Demostrar que no hay bin bang y demostrar que todo está completamente creado exactamente como la inteligencia extremadamente genial lo pueda hacer.

Determinar el tiempo que quedara a la tierra y en que ciclo se encuentra y que otra pareja obtendrá su lugar.

Los artículos de Wikipedia, fotos de la Nasa y sobre todo el descubrimiento de la fórmula de la frecuencia continua, la cual ayudo a descubrir cómo está compuesto el universo.

Los elementos que utilicé para este trabajo fueron:

- Powerpoint
- Excel,
- Word,
- fotos.

Especialmente se utilizó el método de análisis lógico y método de proporciones matemático.

Los resultados indicaron que el sistema está hecho desde dos elementos y se reinicia el sistema por un tercero. Estos resultados fueron extraídos desde la teoría del apagado y encendido que se encuentran más adelante.

Materiales y Métodos

Primero se hizo una lista de los planetas que forman el sistema solar.

Segundo se examinó todas sus características de cada luna y de cada planeta en el sistema solar.

Resultados

Sistema Solar Convencional

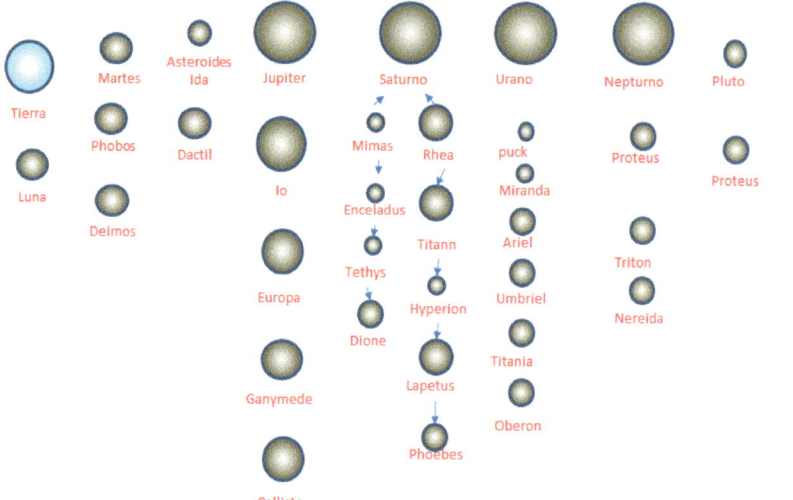

F-1

En la figura F-1 muestra cómo se encuentran ordenados el resto de los planetas consumidos después de tomar el sol sus días cansados en nuestro ciclo.

Cuando el Sol se reduce es porque hay 2 factores que ocurren, el primer factor es el constante gasto de energía que ayuda a nuestro planeta a mantenerse vivo y el segundo factor es cuando se ha creado otro planeta (x) y su luna, conforme se cumple el periodo de la creación de los siguientes nuevos planetas (x) y sus lunas.

El planeta y su luna reinante en nuestro caso La tierra y la Luna se alejarán del Sol pero con más rapidez lo hará la luna así como lo hizo Ceres de Marte y luego Marte se alejara aun más lentamente dando paso a la nueva pareja reinante que para nosotros son Venus y Mercurio.

Todo estos planetas y lunas generan una cadena entre ellos y podemos determinar que el primer planeta (x) creado en este ciclo fue Júpiter y que todos los planetas (x) y/o Lunas van hacia Júpiter cada vez que el Sol toma sus días cansados, este fenómeno hace que se desplacen los planetas (x) lo más lejos que se pueda por falta de atracción gravitacional del Sol e incluso lo hace Júpiter en menor proporción ya que su masa es extremadamente más pesada que los demás planetas (x) por eso es que su alejamiento es relativamente mucho más corto que los demás.

Casi todos los planetas (x) llegan a Júpiter y luego se desplazan a Saturno puesto que fue el segundo planeta de mayor masa creado.

Cabe destacar que cada planeta con su luna se alejaran aún más del Sol y las masas esféricas más rápidas en alejarse son las masas pequeñas como las lunares y dependiendo a que distancias se encuentren de las otras masas mayores suelen entrar en la órbita de dichas grandes masas así como todo lo que le rodea a Júpiter, Neptuno, Saturno hasta que suceda otra vez el fenómeno del apagado del sol para que sigan alejándose de estas grandes masas de planetas hasta llegar a las distancias de Pluto u otras masas esféricas más alejadas.

Pero lo más importante que ocurre cuando sucede este fenómeno es cuando una masa esférica cualquiera ya sea planeta o luna se encuentre al límite o borde de descomposición molecular así es llamado por que en este punto hay dos procesos iniciales, uno es cuando la masa esférica como Humaeda denominada planeta dwarf sin la presencia de la atracción gravitatoria del sol sufren los ataques de las Fuerzas Zero (F_z).

Estas fuerzas hace que los planetas se conviertan en suaves, sin energía en su interior para cuartear la roca como esponja lista para ser desmembrada poco a poco y fue así como la masa esférica Humaeda lo experimento creándose dos porciones más de esferas con forma de huevo por ahora, su órbita alrededor del sol es no convencional por falta de balance.

El proceso o ataque de las Fuerzas Zero (F_z) se ejecuta todo el tiempo en el que el sol toma sus días cansados y cuando se cumpla el próximo periodo del apagado solar Humaeda se alejará más del sol siendo destruidas completamente por las fuerzas Zero (F_z).

En todos los casos llegan a explotar sus núcleos y todos los residuos se acumularan en el cinturón de asteroides (Kuiper u Oorp), ese lugar es como un cementerio de escombros planetarios.

Estos escombros planetarios son usados más adelante como lluvia de asteroides cuando se aproxima el termino de algún planeta he inicio del apagado del sol.

Los Cinturones de asteroides

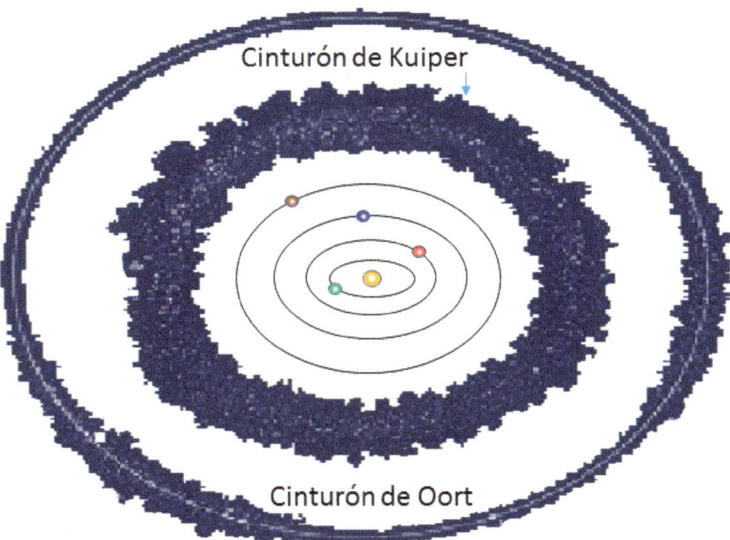

F-2

En la figura F-2 muestra el cinturón de
asteroides de (Oorp y Kuiper) este es el
cementerio donde están los restos de
planetas y lunas después del ataque de la
Fuerza Z (F_z)

Desde este concepto es cuando se inicia mi búsqueda de la verdad. Todo parece explicado pero no lo es, parece lógico lo que en el futuro se revelará absurdo e ilógico pero simplemente será solo la verdad.

En este momento podemos observar que en la figura F-1 solo se muestra el resultado de un reacomodo en el sistema solar mediante una traslación de planetas y lunas pero la pregunta sería y ¿Cuándo sucederá este fenómeno?

La respuesta se encuentra en mi 3er libro "La Formula Bárcena".

Despues de aquella fecha que la tierra muere se iniciara el ritual del nacimiento del nuevo par masas esféricas denominadas como nuevo planeta y su luna, ellos ocuparían la posición de Venus y Marte.

Antes de que suceda el efecto de traslación de los planetas el sol será visitado por otra estrella de tal manera que se generará el ritual del anillo estelar y en este ritual podemos observar como las estrellas rotan en eje paralelo sin un centro y a la vez generando un anillo como se muestra más adelante en la teoría del encendido y apagado en mi nuevo libro.

Tabla de Datos de la Tabla Bárcena

6		5		4		3		2		1	
X×10²³	X×10²⁵	X×10²⁴	X×10²⁵	X×10²⁴	1.0243×10²⁶	X×10²⁴	(8.68×10²⁷)	X×10²⁷	1.8986×10²⁷	X×10²⁷	5.6846×10²⁸
2		1		2		3		2		1	
3.67		2.48		3.67		7.04		3.67		2.48	
2013 JB5074	2013 JB5073	2013 JB5076	2013 JB5075	2013 JB5077	Neptune	2013 JB5078	Uranus	2013 JB5079	Jupiter	2013 JB5080	Saturno
7050	25900	10250	25090	13417	49244	7199	50724	38098	13982	46890	116464
27.2		40.85		27.24		14.19		27.24		40.26	
	13		13		13		13		13		

12		11		10		9		8		7	
6,17449 ×10²⁰	8,94×10²²	1,096×10¹⁰	4,80×10²²	1.9739×10²¹	1,482×10²³	9,5×10²²	6,4185 x 10²³	7,349 x 10²²	5.9736×10²⁴	3,302×10²¹	4,869 × 10²⁴
3.62 - 3.42 - 3.67		7.04		3.67		2.48		3.67		7.04	
2013 JB5062	2013 JB5061	2013 JB5064	2013 JB5063	2013 JB5066	2013 JB5065	2013 JB5068	2013 JB5067	2013 JB5070	2013 JB5069	2013 JB5072	2013 JB5071
1010 - 1060	3629 - 3660	462	3257	1436	5276	2750	6822	3463	12742	1801	12695
27.83 - 29.2 - 27.17		14.18		27.21		40.31		27.17		14.18	
	13		13.54		13.32		13.02		13.08		13.04

F-2

En la figura F-2 tenemos en primera posición al planeta Saturno y su luna 2013JB5080, los 4 primeros dígitos se refiere al año descubierto seguido de las iniciales del descubridor JB (Jesús Bárcena) y la serie 5000 son los millones de años de creación de la Tierra aproximadamente y los números del 1 al 80 son los nuevos planetas hallados por deducción. Esto es solo para el primer ciclo de los 23 que tiene este sistema solar.

Tabla de Datos

18		17		16		15		14		13	
0,5×10^10	3,014×10^21	X×10^20	11,72×10^21	3,527×10^21	1,345×10^19	X×10^18	1.080 22×10^21	3,749×10^19	2,32×10^21	X×10^22	1,075938·10^23
2		1		2		3		2		1	
3.67		2.48		3.67		7.04		3.67		2.48	
2013 JB5050	2013 JB5049	2013 JB5052	2013 JB5051	2013 JB5054	2013 JB5053	2013 JB5056	2013 JB5055	2013 JB5058	2013 JB5057	2013 JB5060	2013 JB5059
415	1526	478	1190 - 1172	1580	5150-5799	227	1600	416	1528	1935	4800
27.19		40.16		37.27		14.18		27.22		40.31	
13.01 - 13.55		13		13		13		13		13.74	

24		23		22		21		20		19	
X×10^19	4×10^21	X×10^19	1.305×10^22	X×10^18	1,67×10^21	3,1×10^20	(1,52±0,06)×10^21	6,59×10^18	X×10^21	0,659×10^18	1,35×10^21
2		3		2		1		2		3	
3.67		7.04		3.67		2.48		3.67		7.04	
2013 JB5038	2013 JB5037	2013 JB5040	2013 JB5039	2013 JB5042	2013 JB5041	2013 JB5044	2013 JB5043	2013 JB5046	2013 JB5045	2013 JB5048	2013 JB5047
502	517 - 9 1300 - 1900	326.9	2302 633, 650+260	2326	1090 2705 - 2707	320 - 328 - 35	1207	164.6	1160		
27.21		14.2		27.21		40.29		27.17		14.18	
13		13		13		13		13		13	

F-3

En la figura F-3 podemos apreciar los valores de los diámetros de los planetas y sus lunas respectivamente y cada par tiene una relación y aplicando la fórmula de la constante universal $D_{mx} = DMs_{min}$ *100/DMs_{max} se obtienen las cifras 40.31, 27.27, 14.19 para los tres primeros pares denominados Tripares.

Tabla de Datos

30		29		28		27		26		25	
X × 10^{19}	X × 10^{21}	X × 10^{19}	X × 10^{20}	X × 10^{18}	1 × 10^{20}	X × 10^{17}	X × 10^{20}	X × 10^{19}	X × 10^{21}	X × 10^{20}	4 × 10^{21}
2		1		2		3		2		1	
3.67		2.48		3.67		7.04		3.67		2.48	
2013 JB5026		JB5028	2013 JB5027	2013 JB5030	2013 JB5029	2013 JB5032	2013 JB5031	2013 JB5034	2013 JB5033	2013 JB5036	2013 JB5035
349	1050 (4	1250	370 9	(558 -12	260	955 = 995 ±	181.6	920 - 1280	367 - 500	1350 (+- 210	800 = 286 +	1960 - (1300
27.2		40.21		27.6		14.18		27.18		40.81	
	13		13		13		13		13		13

36		35		34		33		32		31	
X × 10^{18}	X × 10^{20}	X × 10^{17}	X × 10^{20}	X × 10^{18}	X × 10^{20}	X × 10^{19}	X × 10^{20}	X × 10^{18}	X × 10^{20}	X × 10^{18}	X × 10^{21}
2		3		2		1		2		3	
3.67		7.04		3.67		2.48		3.67		7.04	
2013 JB5006	2007 UK126	2013 JB5005	2002 AW197	2013 JB5006	2Pallas	2013 JB5005	2002 AW197	2013 JB5006	2007 UK126	2013 JB5004	2002 TC302
184	676 - 880 (5	120	845 - 734 (+1	148	544	320	795 - 734 (+1	184	676 - 880 (5	97.95	689.7 = 584.
27.21		14.2		27.2		40		27.21		14.2	
	13		13		13		13		13		13

F-4

En la figura F-4 se observa también como la constante de vida se obtiene de la sustracción de las dos primeras cifras de las dos primeros pares y el resultado es 13.

Tabla de Datos

42		41		40		39		38		37	
$X \times 10^{18}$	$X \times 10^{..}$	$X \times 10$	$X \times 10$	$X \times 10$	$X \times 10^{21}$	$X \times 10^{18}$	$X \times 10^{21}$	$X \times 10$	$X \times 10$	$X \times 10$	$X \times 10^{..}$
2		1		2		3		2		1	
3.67		2.48		3.67		7.04		3.67		2.48	
10Hygiea	2007OR10	4Vesta	Quaoar	2013 JB5003	Sedna	2013 JB5000	2005 UQ513	2005 QU182	2013 JB 5001	2013 JB5004	2002 TC302
348 - 500	1280 (+- 210)	525	920 - 1302	260	956 = 995	175	920 (558 - 1...	279 - 343 - 1	1025	278	689.7 - 584.
27.18		40.38		27.19		14.19		27.21		40.3	
13		13		13		13		13		13	

48		47		46		45		44		43	
$6{,}59 \times 10^{18}$	$X \times 10^{21}$	$3{,}1 \times 10^{19}$	$1{,}52 \times 10^{22}$	$X \times 10^{20}$	$1{,}67 \times 10^{22}$	$X \times 10^{21}$	1.305×10^{22}	$X \times 10^{19}$	4×10^{21}	$X \times 10^{18}$	4×10^{21}
2		3		2		1		2		3	
3.67		7.04		3.67		2.48		3.67		7.04	
Dysmonia	Charon	Nereid	Triton	Ixion	Eris	Orcus	Pluton	Varuna	Makemak	2002 TX30	Haumea
320 - 328 -	1207	340 - 384 -	2705 - 270	633, 650+2	2326	925 = 917 -	2302	502 - 517 -	1300 - 190	282.5 = 28	1990 - (1300
27.17		14.19		27.21		40.18		27.21		14.19	
13		13		13		13		13		13	

F-5

En la figura F-5 podemos ver la numeración que encabezan las tablas, esos números nos dicen el orden de cada Planeta y sus Lunas en la Tabla Bárcena y como fueron creados uno a continuación del otro. Este orden se repite en todos los ciclos de cada esfera.

Tabla de Datos

54										49	
3,749×10^{19}	2,32×10^{21}	x. 10^{19}	1.080 22 × 10^{20}	3,527 x 10^{21}	1,345×10^{23}	x. 10^{17}	11,72 x 10^{20}	0,5×10^{19}	3,014 x 10^{21}	0,659 x 10^{20}	1,35×10^{21}
367		2.48		3.67		7.04		3.67		2.48	
2											
Mimas	Rhea	Phoebe	Enceladas	Titania	Titan	Puck	Umbriel	Proteus	Oberon	Miranda	Ariel
398 - 416	1528	205 - 220	504.2 - 546	1580	5150 - 579	168.9	1190 - 1172	420	1526 - 1542	471.6	1160 - 117
27.22		40.29		27.24		14.19		27.23		40.3	
13		13		13		13		13.01 - 13.55		13	

61					58		57		56		
3,302×10^{23}	4,869 × 10^{24}	349 × 10^{22}	5.9736×10^{24}	9,5×10^{20}	6,4185 x 10^{23}	2,9739×10^{21}	1,482×10^{23}	1,096×10^{21}	4,80×10^{22}	6,17449 ×10^{20}	8,94×10^{22}
2.48		3.67		7.04		3.67		2.48		3.62 - 3.42 - 3.67	
							2		1		2
Mercurio	Venus	Moon	Earth	Ceres	Mars	Lapetus	Ganymedes	Dione	Europa	Tethys	Io
4879.4	12103.6	3475	12742	962.6	6779	1436	5276	1120-1260	3126	1010 - 1060	3629 - 390
40.31		27.27		14.19		27.21		40.3		27.83 - 29.2 - 27.17	
13.04		13.08		13.02		13.32		13.54		13	

F-6

En la figura F-6 podemos observar en estos dos penúltimos cuadros lo más importante para este análisis que ayuda a sustentar esta teoría.

En la parte superior de cada figura se puede ver la cantidad de las masas en Kg de cada esfera, cada trio de pares tiene una relación por ejemplo entre Mercurio $= x.10^{23}$ y Venus $= x.10^{24}$ su diferencia es $x.10^{1}$, entre la relación de la Luna = $x.10^{22}$ y la Tierra = $x.10^{24}$ su diferencia es $x.10^2$ y entre la relación de Ceres = $x.10^{20}$ y Marte = $x.10^{23}$ su diferencia es $x.10^3$ se observa también un crecimiento y un decrecimiento a lo largo de todo el ciclo.

Todo este proceso nos ayuda a comprender como se generó esta Tabla Bárcena.

Leyes de Bárcena. (Ley de Masas Esféricas Energéticas).

Con este análisis podemos determinar que hay leyes que se generan y se cumplen para estas masas esféricas energéticas y son las siguientes:

1.- No toda masa se desplaza a velocidad constante en el espacio, cuanto mayor es su masa menor será su desplazamiento ósea la velocidad es inversamente proporcional a su masa.

2.- Las masas de planetas y lunas son proporcionales entre sus pares.

3.- El último par de planetas y sus lunas son relacionadas entre sus tríos de pares (Tripares) contiguos.

4.- Los planetas y sus lunas son directamente proporcionales en su masa y diámetro en su creación.

5.- La resta del porcentaje de cada par de masas esféricas restado con el par de esferas siguientes es igual a 13 entero y fracción. Que podría ser las cifras igual a 13.04, 13.08, 13.02 (Estas cifras se repetirán a lo largo de los ciclos en cada Tripares.

6.- Todo par de masas esféricas (planetas y sus lunas) están incluidas en cada trio de pares que llamaremos Tripares de esferas energéticas, estos Tripares de estudio contienen a las siguientes esferas : Mercurio, Venus, Luna, Tierra, Ceras, Marte aquí podemos ver una relación de masa de Mercurio = $x.10^{23}$, Venus = $x.10^{24}$ y su diferencia de estos dos es $x.10^1$, si observamos la relación entre la Luna = $x.10^{22}$, Tierra = $x.10^{24}$ su diferencia es $x.10^2$ y por último en estas Tripares tenemos la relación entre Ceres = $x.10^{20}$, Marte = $x.10^{23}$ y su diferencia es $x.10^3$ podemos ver claramente un crecimiento en esta Tripares de $x.10^1$, $x.10^2$, $x.10^3$ esto ayuda a ubicar correctamente al par contiguo en una Tripares y si tomamos la Tripares contigua tenemos como elementos a Ceres, Marte, Lapetus, Ganymedes, Dione, Europa.

Aquí también podemos observar la diferencia entre Ceres = $x.10^{20}$ y Marte = $x.10^{23}$ es igual a $x.10^3$ a su vez podemos ver la diferencia entre Lapetus = $x.10^{21}$ y Ganymedes = $x.10^{23}$ es igual a $x.10^2$ y por ultimo podemos ver la diferencia entre Dione = $x.10^{21}$ y Europa = $x.10^{22}$ es de $x.10^1$ con estas cifras $x.10^3$, $x.10^2$, $x.10^1$ podemos ver claramente el decrecimiento de esta última Tripares esférica si continuamos con la siguiente Tripares observaremos el aumento en x.10^2, x.10^3 y si continuamos sucesivamente con los Tripares observaremos un aumento y una disminución a lo largo de la cadena.

Todo esto nos lleva a la conclusión de la ley de las Tripares, dicha ley nos indica cómo están relacionas las Tripares y que el crecimiento y decrecimiento entre sus diferencias de base decima (x.10^y) de sus masas (x.10^1, x.10^2, x.10^3, x.10^2, x.10^1) es continua hasta que terminen todos los ciclos.

También se cumple que ninguna cadena con abruptos crecimientos de masas en relación con la antigua cadena romperá esa ley.

Por ejemplo si tenemos el último par de masas ($x.10^{25}$ y $x.10^{27)}$) de una Tripares de la vieja cadena dicho par de masas cuando este en relación de estudio con el primer par de masas ($x.10^{80}$ y $x.10^{83}$) de la primera Tripares de la nueva cadena no variara dicha ley porque su diferencia de base decima del último par de masas será igual a $x.10^2$ y del primer par de masas será igual a $x.10^3$

7.- En todo par de masas esféricas energéticas se cumple que la división entre el diámetro mayor y el diámetro menor dan como resultado las siguientes tres constantes, 2.48, 3.67, 7.09 que rigen para todo par de masas esféricas.

8.- Para todo ciclo tenemos 67 pares y las tres constantes que se repiten a lo largo de los ciclos (2.48, 3.67, 7.09) forman una frecuencia continua, esto quiere decir que cada par de esferas es un componente de una Frecuencia esférica.

9.- Toda par de esferas tienen un periodo de creación (4.5 – 5) B de años aproximadamente dicho periodo es invariable.

10.- Cada estrella necesitará la visita de otras dos estrellas para generar el proceso de creación del futuro planeta y su luna.

11.- Las masas esféricas energéticas denominadas estrellas de masa igual o mayor a 1 millón de veces a las masas contiguas en su sistema se denomina la fuente de ciclos esféricos. Esto se cumple para cada nivel hacia arriba o hacia abajo. (Casi parecido a un árbol de la vida).

La ley de las fuentes de ciclos esféricos dice que toda estrella generará ciclos hasta su completo autoconsumo después del último ciclo generado por la estrella esta morirá.

Esta fuentes de ciclos esféricos es una masa generativa (genera nuevas masas esféricas energéticas) con una exacta proporción entre los pares y diferentes en su composición química generando el siguiente par completamente diferente a los anteriores.

Esto es para las esferas macro y micro ósea esto es para todo ya sea ser vivo ó no.

12.- La ley de los sistemas solares o estelares, esta ley se refiere al fenómeno que ocurre con las estrellas cuando se juntan en un determinado periodo de tiempo generando los rituales de apareamiento estelar para dar paso a la creación de nuevos pares o miembros de los sistemas solares (planetas y/o lunas). Mediante una tercera esfera que enciende o pone a trabajar a las estrellas otra vez. Terminando así sus días cansados del sol.

13.- Toda masa esférica energética es parte de más de una frecuencia en el universo y posee como mínimo 3 frecuencias que constituye su identidad y posición en los sistemas solares.

14.- Se cumple que este Universo es la primera fuente de ciclos esféricos y treceavo en su especie.

15.- Solo existen 33 Tripares para cada ciclo de los 23 que tienen los sistemas solares en este universo.

Tabla de Datos de la Tabla Bárcena

61		60		59		58		57		56	
$3{,}302{\times}10^{23}$	4.869×10^{24}	7.349×10^{22}	$5.9736{\times}10^{24}$	$9.6{\times}10^{20}$	$6.4185{\times}10^{23}$	$1.9730{\times}10^{21}$	$1.482{\times}10^{23}$	$1.096{\times}10^{21}$	$4.80{\times}10^{21}$	6.17449×10^{20}	$8{,}94{\times}10^{22}$
1		2		3		2		1		2	
2.48		3.07		2.94		6.17				3.02 - 3.42 - 3.67	
Mercurio	Venus	Moon	Earth	Ceres	Mars	Lapetus	Ganymedes	Dione	Europa	Tethys	Io
4879.4	12103.6	3475	12742	962.6	6779	1436	5276	1120-1260	3126	1010 - 1060	3629 - 390
40.31		27.27		14.19		27.21		40.3		27.83 - 29.2 - 27.17	
	13.04		13.08		13.02		13.32		13.54		13

F-7

En la figura F-7 podemos observar los valores de las diferencias de exponentes de las masas de las bases decimas $x.10^{y}$ donde y = toma los valores (1, 2, 3, 2,1) respectivamente.

Tabla Bárcena

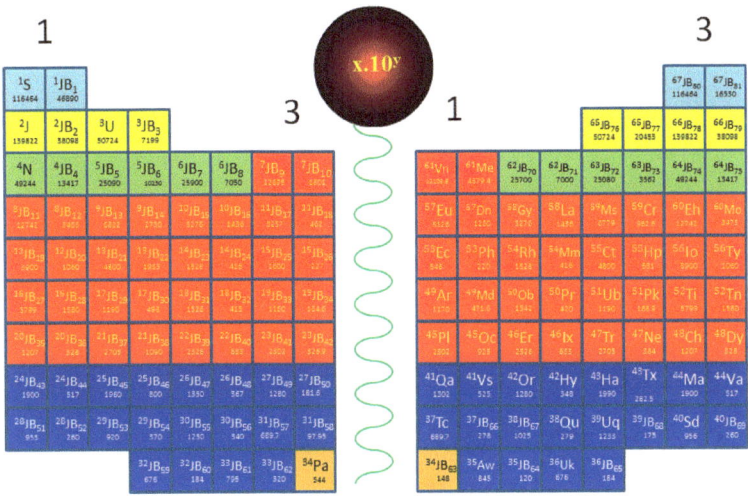

F-8

En la figura F-8 podemos observar la tabla Bárcena en la cual muestra el orden de los planetas y sus lunas de acuerdo a como fueron creados en este ciclo en especial.

La Tabla Bárcena está formada por bloques y cada uno de ellos identifica un planeta y/o luna.

Los números 12 en este ejemplo indican la posición (1-67) a la que pertenece ese planeta y/o luna, las iniciales JB indican el nombre del planeta y/o luna en este caso esas son las iniciales del descubridor, (Jesús Bárcena) el número 1 indica la cantidad de nuevos planetas y/o lunas y los números 139872 se refiere a su diámetro de cada planeta y/o luna.

Los tres primeros colores indican los más grandes planetas y sus lunas dentro de estos tenemos el celeste que es el más grande, luego siguen los amarillos que son más grandes.

Lista de los Elementos de la Tabla Bárcena

1.- ^1S = Saturno
2.- $^1JB_1$ = 2013JB5001
3.- ^2J = Jupiter
4.- $^2JB_2$ = 2013JB5002
5.- ^3U = Uranus
6.- $^3JB_3$ = 2013JB5003
7.- ^4N = Neptune
8.- $^4JB_4$ = 2013JB5004
9.- $^5JB_5$ = 2013JB5005
10.- $^5JB_6$ = 2013JB5006
11.- $^6JB_7$ = 2013JB5007
12.- $^6JB_8$ = 2013JB5008
13.- $^7JB_9$ = 2013JB5009
14.- $^7JB_{10}$ = 2013JB50010
15.- $^8JB_{11}$ = 2013JB50011
16.- $^8JB_{12}$ = 2013JB50012
17.- $^9JB_{13}$ = 2013JB50013
18.- $^9JB_{14}$ = 2013JB50014
19.- $^{10}JB_{15}$ = 2013JB50015
20.- $^{10}JB_{16}$ = 2013JB50016

21.- $^{11}JB_{17}$ = 2013JB50017
22.- $^{11}JB_{18}$ = 2013JB50018
23.- $^{12}JB_{19}$ = 2013JB50019
24.- $^{12}JB_{20}$ = 2013JB50020
25.- $^{13}JB_{21}$ = 2013JB50021
26.- $^{13}JB_{22}$ = 2013JB50022
27.- $^{14}JB_{23}$ = 2013JB50023
28.- $^{14}JB_{24}$ = 2013JB50024
29.- $^{15}JB_{25}$ = 2013JB50025
30.- $^{15}JB_{26}$ = 2013JB50026
31.- $^{16}JB_{27}$ = 2013JB50027
32.- $^{16}JB_{28}$ = 2013JB50028
33.- $^{17}JB_{29}$ = 2013JB50029
34.- $^{17}JB_{30}$ = 2013JB50030
35.- $^{18}JB_{31}$ = 2013JB50031
36.- $^{18}JB_{32}$ = 2013JB50032
37.- $^{19}JB_{33}$ = 2013JB50033
38.- $^{19}JB_{34}$ = 2013JB50034
39.- $^{20}JB_{35}$ = 2013JB50035
40.- $^{20}JB_{36}$ = 2013JB50036

41.- $^{21}JB_{37}$ = 2013JB50037
42.- $^{21}JB_{38}$ = 2013JB50038
43.- $^{22}JB_{39}$ = 2013JB50039
44.- $^{22}JB_{40}$ = 2013JB50040
45.- $^{23}JB_{41}$ = 2013JB50041
46.- $^{23}JB_{42}$ = 2013JB50042
47.- $^{24}JB_{43}$ = 2013JB50043
48.- $^{24}JB_{44}$ = 2013JB50044
49.- $^{25}JB_{45}$ = 2013JB50045
50.- $^{25}JB_{46}$ = 2013JB50046
51.- $^{26}JB_{47}$ = 2013JB50047
52.- $^{26}JB_{48}$ = 2013JB50048
53.- $^{27}JB_{49}$ = 2013JB50049
54.- $^{27}JB_{50}$ = 2013JB50050
55.- $^{28}JB_{51}$ = 2013JB50051
56.- $^{28}JB_{52}$ = 2013JB50052
57.- $^{29}JB_{53}$ = 2013JB50053
58.- $^{29}JB_{54}$ = 2013JB50054
59.- $^{30}JB_{55}$ = 2013JB50055
60.- $^{30}JB_{56}$ = 2013JB50056

F-9

En la figura F-9 podemos apreciar los primeros 30 pares (planetas y sus lunas) cada una tienen su descripción y su nombre.

Lista de los Elementos de la Tabla Bárcena

61.- $^{31}JB_{57}$ = 2013JB5057
62.- $^{31}JB_{58}$ = 2013JB5058
63.- $^{32}JB_{59}$ = 2013JB5059
64.- $^{32}JB_{60}$ = 2013JB5060
65.- $^{33}JB_{61}$ = 2013JB5061
66.- $^{33}JB_{62}$ = 2013JB5062
67.- ^{34}Pa = 2Pallas
68.- $^{34}JB_{63}$ = 2013JB5063
69.- ^{35}Aw = 2002AW197
70.- $^{35}JB_{64}$ = 2013JB5064
71.- ^{36}Uk = 2007UK126
72.- $^{36}JB_{65}$ = 2013JB5065
73.- ^{37}Tc = 2002TC302
74.- $^{37}JB_{66}$ = 2013JB5066
75.- $^{38}JB_{67}$ = 2013JB5067
76.- ^{38}Qu = 2005QU182
77.- ^{39}Uq = 2005UQ513
78.- $^{39}JB_{68}$ = 2013JB5068
79.- ^{40}Sd = Sedna
80.- $^{40}JB_{69}$ = 2013JB50016
81.- ^{41}Qa = Quaoar
82.- ^{41}Vs = 4Vesta
83.- ^{42}Or = 2007OR10
84.- ^{42}Hy = 10Hygiea
85.- ^{43}Ha = Haumea

86.- ^{43}Tx = 2002TX300
87.- ^{44}Ma = Makemake
88.- ^{44}Va = Varuna
89.- ^{45}Pl = Pluton
90.- ^{45}Oc = Orcus
91.- ^{46}Er = Eris
92.- ^{46}Ix = Ixion
93.- ^{47}Tr = Triton
94.- ^{47}Ne = Nereid
95.- ^{48}Ch = Charon
96.- ^{48}Dy = Dysmonia
97.- ^{49}Ar = Ariel
98.- ^{49}Md = Miranda
99.- ^{50}Ob = Oberon
100.- ^{50}Pr = Proteus
101.- ^{51}Ub = Umbriel
102.- ^{51}Pk = Puck
103.- ^{52}Ti = Titan
104.- ^{52}Tn = Titania
105.- ^{53}Ec = Enceladas
106.- ^{53}Ph = Phoebe
107.- ^{54}Rh = Rhea
108.- ^{54}Mm = Mimas
109.- ^{55}Ct = Callisto
110.- ^{55}Hp = Hyperion

111.- ^{56}Io = Io
112.- ^{56}Ty = Tethys
113.- ^{57}Eu = Europa
114.- ^{57}Dn = Dione
115.- ^{58}Gy = Ganymedes
116.- ^{58}La = Lapetus
117.- ^{59}Ms = Mars
118.- ^{59}Cr = Ceres
119.- ^{60}Eh = Earth
120.- ^{60}Mo = Moon
121.- ^{61}Vn = Venus
122.- ^{61}Me = Mercurio
123.- $^{62}JB_{70}$ = 2013JB5070
124.- $^{62}JB_{71}$ = 2013JB5071
125.- $^{63}JB_{72}$ = 2013JB5072
126.- $^{63}JB_{73}$ = 2013JB5073
127.- $^{64}JB_{74}$ = 2013JB5074
128.- $^{64}JB_{75}$ = 2013JB5075
129.- $^{65}JB_{76}$ = 2013JB5076
130.- $^{65}JB_{77}$ = 2013JB5074
131.- $^{66}JB_{78}$ = 2013JB5075
132.- $^{66}JB_{79}$ = 2013JB5076
133.- $^{67}JB_{80}$ = 2013JB5077
134.- $^{67}JB_{81}$ = 2013JB5078

F-10

En la figura F-10 podemos observar las últimas 37 pares restantes que se generan en cada ciclo.

Teoría de la Frecuencia Estelar

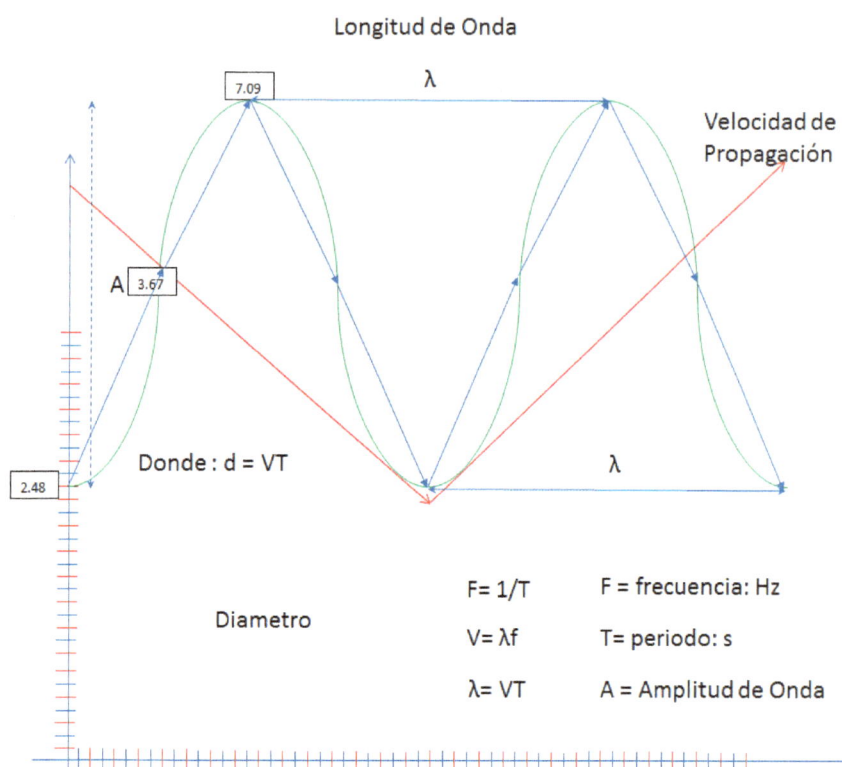

F-11

En la figura F-11 podemos observar el diagrama donde se encuentran los valores encontrados con la fórmula de las constantes

C_{const} que determina los tres primeros valores de la Frecuencia estelar.

Esta frecuencia se repite para los niveles superiores y dichas constantes son diferentes.

Teoría de la Frecuencia Estelar

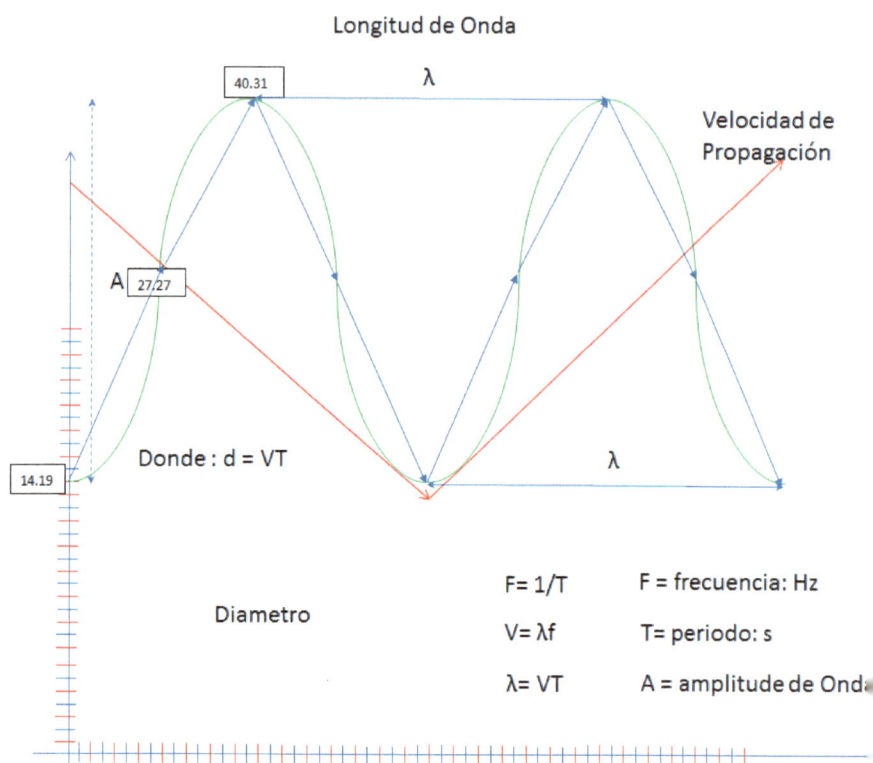

F-12

En la figura F-12 podemos observar los valores que obtenemos de la fórmula de la frecuencia universal dichos valores son ascendentes, descendentes y continuos.

Teoría de la Frecuencia Estelar

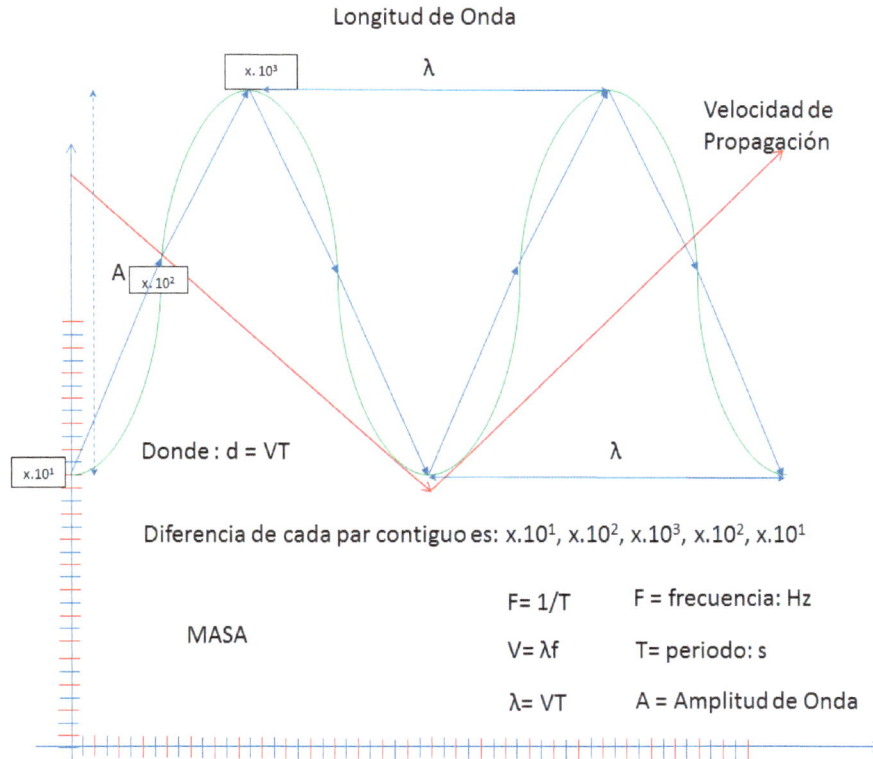

F-13

En la figura F-13 podemos observar el diagrama de residuos de las masas esféricas energéticas y como esos valores son ascendentes, descendentes y continuos.

Discusión

Conclusiones: La Tabla Bárcena fue creada desde los datos del grafico F-1 demuestra cómo fue creado cada planeta y/o luna cada estrella, sistema solar, galaxias en escala ascendente.

Comparando mis resultados.

Las anteriores teorías de bin bang y como se crean los planetas y lunas son completamente diferentes a mi teoría, nosotros podemos ver en Wikipedia muchas teorías, muchas hipótesis que deberían ser muy bien analizadas antes de estar como una propuesta, aunque esas ideas tengan como objetivo construir una verdad para tener una guía en nuestro estudio del universo.

Modestamente este trabajo tiene todo desde el inicio y fin del universo y otra continuación más.

Hipótesis:

- La primera parte a investigar es ¿Cuál es el orden en los sistemas solares?

- La segunda parte a investigar es ¿Cómo fue creado el sistema que tenemos?

- La tercera parte a investigar es ¿Cómo esta creado el universo?

En la figura F-1 ayuda al análisis de mi teoría y en la figura F-7 son los datos que obtengo al aplicar la fórmula de la constante universal.

Problemas abordados

Los problemas de las teorías anteriores son el tiempo de creación de cada una de los planetas y/o lunas, estrellas y sistemas solares, galaxias y toda la lista que va de forma ascendente hasta llegar a la masa original.

Todo está formado mediante el factor tiempo y no es como lo consideran ustedes, yo tengo una fórmula que ayuda a obtener el tiempo para todo lo que ya fue creado y es la fórmula universal.

Los resultados que obtuve podrían ser inconsistentes si no se sigue la regla de los tres puntos los cuales son las siguientes:

1. El Análisis de la base x.10^1 de la masa esférica energética tiene que seguir un orden descendente y ascendente en el interior de las Tripares.

2. Utilizando las formulas de la constante universal obtenemos 3 valores que ayudan a determinar el orden de los planetas y/o lunas.

3. Utilizando la fórmula de la frecuencia obtenemos tres valores constantes que ayudaran a confirmar el orden de los planetas y/o lunas en el interior de la Tabla Bárcena.

Sin el factor tiempo todos podrían ver mi resultado como inconsistente porque con el tiempo y la energía consumida en dicho tiempo nos ayuda a determinar cuándo, cuanto de masa se consume para un ciclo inicial y también nos indica para los niveles anteriores en cual posición dentro de la descomposición universal nos encontramos además porque los planetas y lunas actuales no reflejan estrictamente la existencia de todos los componentes en este universo.

Explicando los aspectos de mí data.

Todo este estudio está basado en el análisis de la figura F-1 para poder entender cómo se creó el sistema solar y los planetas con sus lunas así sucesivamente.

Con la creación de la fórmula de la
constante universal todo está mucho más
claro con respecto a nuestra existencia.

- Cabe recalcar que para entender el
porqué del tamaño de los planetas y/o
lunas se debe observar la agrupación
de las estrellas en la teoría del apagado
y encendido. Si la masa pequeña la
cual será encendida, tendrá grandes
planetas y/o lunas, si la masa de
encendido es mucho mayor ya que la
fuerza arrancara mayor porción de la
pequeña masa y viceversa.

Los Ejemplos de mi data.

La conclusión básica de la formación de la Tabla Bárcena se obtiene de la aplicación de la fórmula de la constante universal al diámetro de la masa esférica energética denominada planeta y/o luna y se obtienen esas cifras (40.31, 27.27, 14.19) esos datos son fundamentales para el desarrollo de la Tabla Bárcena y comprender que todo es creado con extremado detalles y con simple deducción para su creador Dios.

También explica por qué doce apóstoles más Jesús son en total 13 con los 12 meses pero en realidad son 13 meses con 28 días cada mes son equivalentes. ¿Será casualidad? Ja, ja.

Las referencias en mi estudio.

Grafico e información en Wikimedia

Nasa (video record 0:42-5:22)

National Geographic documental

Discovery Chanel documental

Textos citados en mi estudio

Wikimedia

Libro de Nostradamus (el sol toma sus días cansados).

www.ingramcontent.com/pod-product-compliance
Lightning Source LLC
Chambersburg PA
CBHW040847180526
45159CB00001B/348